离家出走的
蜜蜂

〔韩〕洪起允/文　　〔韩〕李敬石/图　　章科佳　范欣然/译

U0350299

C1S ｜ 湖南少年儿童出版社·长沙
HUNAN JUVENILE & CHILDREN'S PUBLISHING HOUSE

这里是帮忙寻找丢失动物的节目《宝贝们，回来吧》的录制现场。

刚要开始录制，一个戴着网罩的大叔就跑进演播厅。

"我的蜜蜂消失了。请帮忙找到它们！"

女主持人拦住了大叔，大声叫道：

"这里不是找蜜蜂的地方。请立刻出去！"

而一旁的孩子们也顿时炸开了锅。

气得浑身发抖

那群不知天高地厚的家伙。马上给我抓过来！

同一时间，蜜蜂王国的蜂王正在看这个节目。

"蜜蜂算什么玩意儿？真是忍无可忍，一定得让他们睁大眼睛瞧一瞧，没了蜜蜂世界会变成什么样子。哈尼！比尼！"

"有何吩咐，女王陛下！"

"马上把那几个人给我抓回来！"

"遵命！"

侦察蜂*哈尼和比尼迅速飞向电视台。

---

* **侦察蜂**：负责勘察新蜂巢及蜜源位置的工蜂。

5

哈尼和比尼突然出现，围着演播厅嗡嗡乱飞。

人们开始逃跑。

只有三个人例外：找蜜蜂的养蜂人，来找小黄的智宇以及女主持人。

养蜂人一看到哈尼和比尼，便发出欣喜的喊声：

"黑色还有黄色的条纹，没错，就是我的蜜蜂。"

而还没来得及逃跑的智宇则僵直地站在那里，全身像是被冻住了一样。

女主持人胡乱地挥动着手臂，想要赶走那些蜜蜂。

嗡嗡嗡

嗡嗡

走开！
走开！

妈妈说，蜜蜂靠近时，要站在原地不动。

冻住

姓 名：小黄
特 点：摇尾巴

哈尼和比尼开始在三个人周围跳"圆圈舞*"。

有条

不紊

*圆圈舞：蜜蜂告诉同类附近有蜜源时所跳的舞蹈。

三个人好像被什么魔力影响，目不转睛地盯着它们跳舞。这时，他们的身体也变得越来越小，直到像蜜蜂一样大。

我们变小了！衣服也变了！

女王陛下有令，要把你们带到蜜蜂王国。

什……什么？要带去哪里？

电视台

哇，好开心，我在飞！

我的蜂儿呀，我们还是回家吧。

过会儿再提问。好了，出发！

去就去，能不能换身衣裳呀。这条裤子也太奇怪了吧。

7

他们一行人沿着小河飞了好一会儿，然后停在了树林深处的一个蜂箱上。

停！

等一下，先闻一闻味道。

这是在干什么呢？

要确认一下是否是属于这个蜂箱的蜜蜂，以及身体表面有没有沾上致病菌。这是保障蜂箱卫生和安全的必要措施，请务必配合。

一进到里面，就发现通道两旁布满了密密麻麻的六边形巢房。

呼，这里为什么这么热呀？

好像来到了桑拿房。

8

9

蜂王一见到他们，立刻就从座位上跳了起来，大声呵斥道：

"喂，我说养蜂大叔，你到底是怎么管理蜂箱的，怎么蜜蜂都会离家出走呢？"

养蜂人一脸的疑惑，他自己也很想知道原因。

"还有你，刚才又说什么来着，蜜蜂算什么玩意儿？"

"不，不是这样的，我只是……"

女主持人在蜂王面前竟然也一时语塞，要知道在说话这方面，女主持人要是自称第二，没人敢称第一的。

蜂王似乎有点头晕，托着脑袋坐下了。

你们到底是怎么想的？蜜蜂算什么玩意儿？

又不是我赶走蜜蜂的……

　　蜂巢内的蜜蜂都在各自的巢房一刻不停地忙碌着，这时智宇发现眼前有一只扇动翅膀的工蜂。

　　"它是没事干的工蜂吧？"

　　比尼听了，摇头说道：

　　"这个世界上没事干的工蜂是没有的，这只蜜蜂是为了降低蜂巢温度而专门在这里扇风的。这里都是由蜂蜡* 做成，温度太高的话会融化。"

* **蜂蜡**：也称为黄蜡，蜜蜂为建巢房而分泌的物质。色黄，常温下会凝固。

工蜂的分工和寿命取决于其幼虫期被投喂的食物。而且每个工蜂的工作不是固定不变的，而是根据日龄进行调整。让我们来看一看吧！

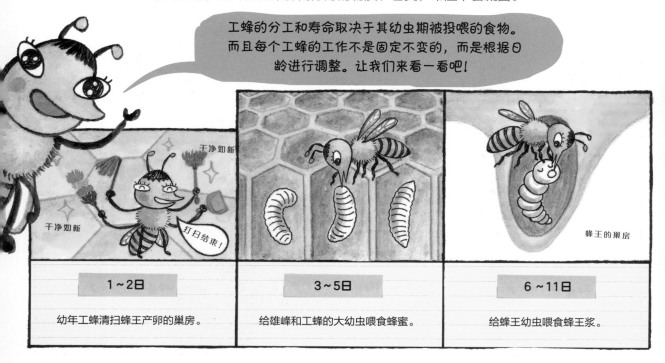

1~2日	3~5日	6~11日
幼年工蜂清扫蜂王产卵的巢房。	给雄蜂和工蜂的大幼虫喂食蜂蜜。	给蜂王幼虫喂食蜂王浆。

　　来到蜂巢的入口处，一行人又看到了可怕的一幕。两只工蜂把一只生病的蜜蜂推出巢外。

　　"生病的蜜蜂就要被赶出蜂巢，真是太过分了！"女主持人有些不快地说道。

　　这时比尼说道：

　　"那些是殡葬蜂。它们一旦发现有生病的蜜蜂，就会立刻将其送走。为了维持蜂巢的卫生，这也是无可奈何的事情。"

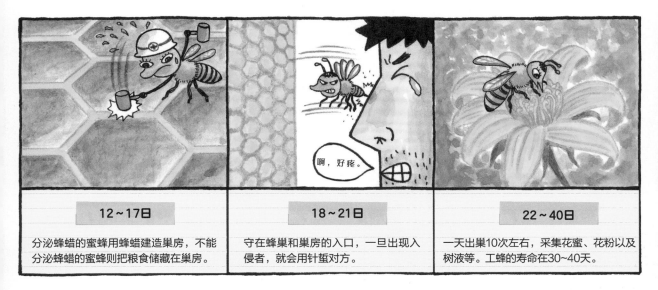

12~17日	18~21日	22~40日
分泌蜂蜡的蜜蜂用蜂蜡建造巢房，不能分泌蜂蜡的蜜蜂则把粮食储藏在巢房。	守在蜂巢和巢房的入口，一旦出现入侵者，就会用针蜇对方。	一天出巢10次左右，采集花蜜、花粉以及树液等。工蜂的寿命在30~40天。

啊，好疼。

一行人离开了蜂巢，飞过丛林来到一片田野。田野上是一片花海，而在花海上面，工蜂们正在忙碌着。

　　"智宇，你知道工蜂的工作中，最重要的是什么吗？"

　　"知道！当然是采蜜啦。"

　　"这个当然很重要，也是我这样的养蜂人的生活来源。不过还有比这个更重要的工作。"

　　养蜂人带着智宇凑近花朵观察。

智宇仔细地察看一番，发现一只工蜂深埋在花朵内，努力地吸食着花蜜。一会儿，这只沾满花粉的工蜂，又飞到了其他花朵里。

　　"蜜蜂在采蜜的时候，会自然地沾上花粉，然后停落在其他花朵上时，身上的花粉掉落从而完成了授粉，最终让植物结出果实。花给了蜜蜂花蜜，而蜜蜂帮助其繁殖。"

　　这种蜜蜂和植物之间很久之前就已形成的关系，养蜂人称之为"互助"。

帮助植物授粉的蜜蜂

沾有花粉的蜜蜂飞到其他花上。

雄蕊的花粉沾到蜜蜂身上。

蜜蜂身上的花粉沾到雌蕊的柱头上，授粉完成。

女主持人听着养蜂人的话，突然想起自己曾看过的一则新闻。于是就说道：

　　"根据联合国粮食及农业组织的数据，占据全世界粮食产量90%的100种主要作物中，有70种以上需要依靠蜜蜂完成授粉。"

　　养蜂人听了女主持的补充，脸上满是欣慰。

　　"智宇，你很喜欢吃草莓冰激凌吧？"

　　"当然啦！草莓牛奶，草莓蛋糕，草莓酱，所有用草莓做的食物我都喜欢。"

"除了草莓、苹果等水果之外，大人们喜欢的咖啡、杏仁等农作物全部是依靠蜜蜂完成授粉，进而结出果实。"

听了他们三人的对话，比尼挺了挺胸，说道：

"所以要是没了蜜蜂，大家有可能会饿死。明白了吗？"

智宇瞪大了眼睛，问道：

"根本不用担心蜜蜂会消失，听说你们的数量很庞大！"

哈尼觉得是时候告诉他们，最近蜜蜂王国发生的那些鲜为人知的事情了。

哈尼和比尼带着三个人飞了好久,最后来到一片看不到边际的杏仁农场。

农场周围停有多辆卡车,上面装满了箱子。

"我听说杏仁栽培需要大量的蜜蜂,没想到需要这么多。"

养蜂人一眼就看出那些箱子就是蜂箱。

哈尼一边看着工人卸下蜂箱,一边说道:

"刚才你在电视台说要找蜜蜂,对吧?丢失蜜蜂的人不止你一个,现在世界各地的蜜蜂都在消失。"

18

曾有养蜂人在美国广阔的田野放置了 400 个蜂箱。8 周后，养蜂人打开蜂箱一看，大吃一惊，蜂箱内一只蜜蜂也没有。你会相信 2000 万只蜜蜂就这样消失了吗？

没有。 没有。 没有。 没有。 还是没有。

韩国也曾发生类似事件，比如，国内土蜂的数量因为病毒性传染病而减少了 75%。还有因为农场周边进行工业园区开发，养了 40 多年的蜜蜂有一半都没了。

没有。 没有。 没有。 没有。 还是没有。

21

养蜂人一脸凝重地说：

"实际上，韩国的情况不容乐观，蜂箱的个数一直在减少，但并不知道具体的原因，所以也没有有效的解决措施。"

女主持人又想起某天读过的一本书，说道：

"爱因斯坦曾经说过，如果蜜蜂消失，那么4年之内人类也会消失。现在终于能明白这句话的意思了。"

蜜蜂消失会造成严重的后果。所以要对蜜蜂好一点，不要老抢它们的蜂蜜。

土蜂蜜

你知道我采这么点蜜花了多少工夫吗？

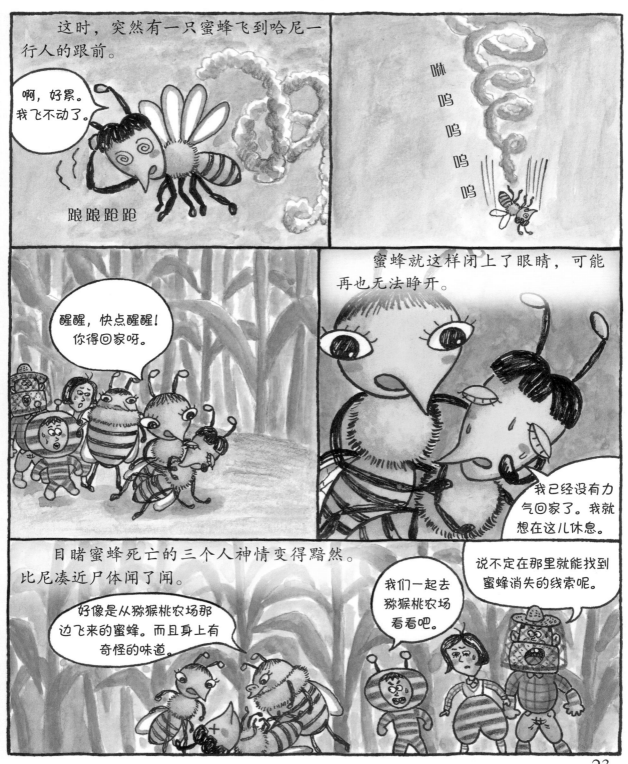

23

24

养蜂人话音刚落，哈尼和比尼就带着三个人起飞了。

到达农场时发现这里开满了白色的猕猴桃花。

不过听不见一丝嗡嗡作响的声音。

"看那里！"

智宇所指的地方，大批死亡的蜜蜂掉落一地。

养蜂人在猕猴桃树之间来回走动，努力想要找到什么东西。

"真是太可怕了。蜜蜂们飞不回去的原因就是这个。"养蜂人边说边看着眼前的农药空瓶。

"这里喷洒了过量的杀虫剂和除草剂。杀虫剂成分就渗入地下，最后残留在植物的根、茎、叶、花，甚至是花蜜和花粉里。"

养蜂人向哈尼和比尼提议再前往杏仁农场看看。

之前放置蜂箱的杏仁农场里，蜜蜂们正来往于花丛之间，忙碌地采蜜。

"幸好这个地方的蜜蜂好像还挺健康的。"女主持人微笑着说道。

"我们确认一下是否果真如此。"

一行人为了观察蜜蜂们的状态，又往近处挪了挪。只见众多埋头于花朵中采蜜的蜜蜂中间，有只沾有花粉的蜜蜂在飞行中，将花粉轻轻抖落。

轻轻抖落

轻轻抖落

你还好吗？

嗯，没事。不过没力气回家了。怎么回事呢？

你从哪里过来的？坐了多长时间的卡车呀？

喉，它得多累呀。

我也不太清楚。等我醒来的时候，就已经在蜂箱了。今天是第一次出门。

蜜蜂把坐卡车期间发生的事说了一遍。

哐当哐当

在蜂房的时候，只吃了玉米糖浆，一开始有玉米的香味还以为是花蜜呢，结果不是。

呃，这是什么味儿。

还有一次，装满蜂箱的卡车在高速公路上发生事故，数十个蜂箱散落一地。

里面的蜜蜂全都掉出来了。

啊，什么情况？

道路瞬间变成了蜜蜂的坟场。

碾压~~~

27

可是这里更可怕。我们还以为能够采到各种花蜜，结果都是杏仁口味的呀。

养蜂人听着蜜蜂的讲述，一言不发。移除蜜蜂们喜欢的蜜源植物*，再栽种上高收益的农作物都是人类所为。

……

* 蜜源植物：供蜜蜂采集花蜜和花粉的植物。花多，蜜多。

杏花开谢后，对于我们来说，这个地方就变成了无尽的荒漠，再也找不到吃的。

嗖嗖嗖

没有花了。

正如人们要健康必须要均衡饮食一样，蜜蜂也需要从各种花中吃不同的新鲜蜂蜜。但是最近已经尝不到这样的蜜了。

以前在不同的季节，总会有各种花竞相开放，真是童话般的世界呢。

蜜蜂看起来连说话都很吃力。

哈尼和比尼让蜜蜂好好休息，带上了智宇一行人，离开了这里。

在前往森林的羊肠小道边，开着一片野花。不过比起广阔的杏仁农场，简直可以忽略不计。

"太过分了，不仅移除了蜜蜂们可以饱餐一顿的地方，还增加了它们的工作量。"养蜂人长叹一口气。

"对于我们来说，寻找芬芳的野花并按照自己口味吸食花蜜是最幸福的事情。可是现在很难见到野花了。以前可以采食各种营养丰富的花蜜的时候，即便出现蜂螨，也能扛过去。但是最近身子变得虚弱，一旦出现蜂螨或感染病毒，就很难康复。"

哈尼一说完，比尼立刻向养蜂人和女主持人发难。只见它紧握着拳头，无法压抑心中的怒火。

"人类为什么要把有杂草的地方看作是闲置地呢？一定要铲除杂草和树木用作建筑用地或耕地吗？杂草丛中开的小花对于我们来说，也是十分重要的营养大餐！"

比尼平静下来，突然想起还在蜂巢内的蜂王以及其他的蜜蜂，说道：

"没有了工蜂采集的花蜜和花粉，蜂巢也很难维系。女王无法产卵，幼虫无法长成成虫。女王现在身体很不好，得快点恢复健康才行呀……"

养蜂人陷入了沉思，最后得出结论说：

"现在我终于知道了。杀虫剂使花蜜和花粉变得一团糟，人为使蜜蜂只吸食一种花蜜，将蜜蜂带到很远的地方……所以蜜蜂的身体才会变得虚弱，身体虚弱了，出门找花蜜后体力不支而无法回家。所以蜜蜂都消失了。"

女主持人猛然觉得十分有必要把这个问题做个专题报道。

这时智宇突然眼前一亮，大声说道：
"我知道真正的原因了。"
所有人都注视着智宇的脸。
"都是因为人类。喷洒杀虫剂、把蜜蜂装进蜂箱四处揽活的是人类，移除草木盖房子的也是人类。蜜蜂是因为人类才消失的！"

大家听了，沉默了好一会儿。此时，一直关注他们动向的蜂王向哈尼和比尼发出信号。

现在可以了。把那些人送回去吧。

现在三位该回去了。我们能说的都已经说了。希望大叔能够找回蜜蜂，智宇能够找到小黄。

嗯嗯，谢谢你们。

你们回去再劝劝蜂王，那个生育奖励政策宣传大使的事希望它答应。可以吗？

哈尼和比尼又开始跳起了圆圈舞。
就像智宇一行人刚来到蜜蜂王国时那样，三个人失神地看着。

33

　　三人不知不觉间又回到了演播厅。这时女主持人的手机突然响了。

　　"喂？您好，局长。不是，这个不是播出事故……"
女主持人朝着两个人摆了摆手，就往演播厅外面走。
养蜂人和智宇则互相对视，都微笑起来。
　　"我们也走吧。"
　　"嗯嗯。"

智宇在回家的路上好几次仰望着天空，感觉哈尼和比尼正在某处看着他。

　　他在心里暗下决心。

　　"哈尼，比尼，你们告诉我的，还有我在蜜蜂王国的所见所闻所感永远都不会忘。而且我会想想有什么能为你们做的事情。请一定要好好保重自己。"

女主持人一回家，就开始大扫除。

"呃，这些讨厌的苍蝇，走开！我不想见你们，我想要的是蜜蜂！"

大扫除结束后，她就去花市买了好多种花回家，原先堆满各种杂物都没地方下脚的阳台焕然一新，变成一个温馨的室内花园。

"嗯，香气芬芳！有了花，感觉家就像是林中庭院。"

吃点好蜜，继续加油哟。
你，该不会是比尼吧？

在阳台种花

在花市买花

不只是阳台，只要是蜜蜂有可能飞来的地方，她都摆放了花盆。

　　在小区居民会议上，女主持人还向居民积极地推荐花卉种植。从此，她所在小区的花卉开始逐渐增多。而附近的民房胡同，人们摆放的花盆也越来越多。曾是一片灰暗的胡同如今也变成了一个长满花花草草的世界。

在花盆里种花

宣传种花

通过电视节目呼吁保护蜜蜂

送花种作礼物

养蜂人回去后，把丢失蜜蜂后就丢弃的蜂箱重新打扫干净，并在家门口的自留地边边角角上都种上了花卉，又沿着围墙种上了整整一圈。

他还积极摸索如何才能给蜜蜂创造更好的环境。在这个过程中，偶然接触到"城市养蜂技术"。一开始还怀疑蜜蜂怎么可能在公害污染严重的城市生存，不过后来懂得了：对于蜜蜂来说，城市的生存环境比农村更好。

拍打

呃，灰尘！

把蜂房打扫干净

太阳都从西边出来了。

边角地上种花

城市养蜂

什么？城市养蜂！

学习新的养蜂技术

他了解到，在农村，10只蜜蜂中有4只无法越冬，而在城市则有6只以上可以顺利越冬；懂得了高能耗的城市会出现热岛效应*，这反而对蜜蜂有利。他还发现了一个令其惊讶的事实，农村种地集中种植某一种作物，而城市有森林和公园，里面种植着各种花卉，所以对蜜蜂来说，城市的环境更加适宜。养蜂人觉得，要建设一个人与蜜蜂和谐共存的社会，要做的事情还有很多。

在大楼楼顶和养蜂的负责人一起

在市中心，养蜂人和市民在一起

*热岛效应：城市内部能耗高，气温比周边地区高的现象。

智宇也没有必要再上那个《宝贝们，回来吧》的节目了。因为小黄自己回家了。幸好它在旁边的小区得到好心人照顾。

周日早上，智宇拿着空塑料瓶来到院子，手上还有在鞋柜角落里发现的妈妈买的花种。

他每走一步，小黄就"汪汪"叫一声，像是问他要手里的东西。

"别闹了，这个不是你的玩具，而是给蜜蜂的礼物。"

智宇把塑料瓶剪成两半，把种子放进里面。

"花种呀，快快长。要开出又大又显眼的花朵，好让蜜蜂们都看到。知道了没？"

刚好有一滴雨从天空落下，掉到了塑料瓶花盆上。

智宇抬头看了看天空，嘀咕道：

"哈尼，比尼，你们有在看吗？"

哇，都是营养又美味的花蜜。

用塑料瓶
种花

1. 准备一个空塑料瓶。

2. 量出一半的位置。

3. 用剪刀剪开。

4. 用布堵住瓶口。

5. 里面装进泥土并种上种子。

6. 将两部分叠放在一起后，
加水没过瓶口。

41

环保
养鸭场

42

电视台

43

善良勤快的蜜蜂努力工作的世界

　　蜜蜂正在消失的事实是我在查找濒危动物相关资料的时候意外得知的。在这之前，一提到濒危动物，想起来的只有海豚、黑犀牛、北极熊、狼、半月熊等体形很大的动物，根本想不到蜜蜂。要知道，只要有花的地方，随处就可以看到蜜蜂。当时就觉得就算蜜蜂的数量减少，也没有什么可担心的。我的心态就像书中女主持人或智宇最开始那样："蜜蜂算什么玩意儿。"

　　然而，自从看到蜜蜂相关报道之后，突然意识到周边已经找不到蜜蜂了。以前去田野或山上，总能听到"嗡嗡"的声音。从那时起，我就开始搜集关于蜜蜂失踪的资料，从网上搜集国外的事例，以及养蜂人因蜜蜂消失而忧心忡忡的报道。还阅读了蜜蜂消失与人类生活关系的相关书籍。这时我才意识到问题的严重性，觉得应该把这些事情告诉身边的朋友。

　　正如各位所知，蜜蜂是一种非常勤劳的昆虫。为了维持所属群体的健康和安全，它们会兢兢业业地做好自己的分内工作。不会因为讨厌工作而逃跑，或把自己的工作推给其他蜜蜂，也不会发牢骚说："为什么我要做这个？我想做点更体面的工作。"

　　正是因为蜜蜂如此辛勤地劳作，我们才能获取这么多的食物，包括香甜的蜂蜜、各种美味的水果和蔬菜。但蜜蜂并没有向我们索要报酬，它们对我们只有一点希望，就是给它们创造一个能够努力工作的环境。

　　为了给蜜蜂创造一个努力工作的环境，我和大家必须一起行动起来。这也不需要我们做什么了不起的大事，从力所能及的事情开始就好。比如像智宇那样，在塑料花盆内种一盆花怎么样？如果嫌麻烦的话，那就从给家里的花盆浇水开始吧。还有就是要珍惜小区或校园花坛里的花草树木。如果有一天你遇到蜜蜂，请告诉它：

　　"谢谢你，蜜蜂!"

　　不过出于安全考虑，请不要过于靠近蜜蜂。相信蜜蜂能够听到我们对它说的话。

走进神秘的蜜蜂世界

　　我长期从事漫画和图画书的创作，观察过各种人物和动植物，所以自认为在绘画方面是很有底气的。在本书的创作过程中，我开始仔细地观察蜜蜂，突然意识到这是第一次如此细致地观察并描绘蜜蜂，自己都惊讶不已。随着观察的深入，我越来越发现蜜蜂的魅力和神秘，并陷入其中不能自拔。还惊叹于蜂巢的设计，其复杂精巧且科学的外形，让人想到未来城市的科技感。除此之外，工蜂、雄蜂、蜂王、门卫蜂、殡葬蜂等各种蜜蜂各司其职，互相配合，比各种超级英雄还要了不起。更让人吃惊的是蜜蜂辛勤地劳作，给我们提供美味的水果和果实，而且还是免费的。这些真的很让人感激。

　　然而，蜜蜂却正在消失，我觉得很心痛。这都是因为谁呢？因为那些破坏自然环境，使用毒性很大的除草剂种庄稼的人。我自己也没能好好珍惜和保护自然，为此也做了深刻的反省。同时我也下定了决心，以后要成为热爱蜜蜂的人。各位小朋友，你们也会像我一样热爱蜜蜂吧？不过不要太靠近它们哟，不然一不小心就会被蜇到。

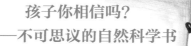

孩子你相信吗？
——不可思议的自然科学书

297.20 元/全 14 册

来自太空的垃圾

小土龙神秘失踪案件

是谁吃掉了森林？

哭泣的鳄鱼皮包

天上落下了恐龙屎

是谁复活了森林？

将军岩的八字胡

来历不明的沉洞

离家出走的蜜蜂

可怕的光污染

会发电的足球

烦人的噪声，快停下！

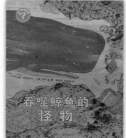

吞噬鲸鱼的怪物

青苔，城市的守护者

图书在版编目（CIP）数据

离家出走的蜜蜂 /（韩）洪起允文；（韩）李敬石图；章科佳，范欣然译 . —长沙：湖南少年儿童出版社，2023.5

（孩子你相信吗？：不可思议的自然科学书）

ISBN 978-7-5562-6836-8

Ⅰ .①离… Ⅱ .①洪… ②李… ③章… ④范… Ⅲ .①蜜蜂—少儿读物 Ⅳ .① Q969.557.7-49

中国国家版本馆 CIP 数据核字（2023）第 061252 号

孩子你相信吗？ ——不可思议的自然科学书

HAIZI NI XIANGXIN MA? —— BUKE-SIYI DE ZIRAN KEXUE SHU

离家出走的蜜蜂
LIJIA CHUZOU DE MIFENG

总 策 划：周　霞		策划编辑：吴　蓓	
责任编辑：万　伦		营销编辑：罗钢军	
排版设计：雅意文化		质量总监：阳　梅	

出 版 人：刘星保

出版发行：湖南少年儿童出版社

地　　址：湖南省长沙市晚报大道 89 号（邮编：410016）

电　　话：0731-82196320

常年法律顾问：湖南崇民律师事务所　柳成柱律师

印　　刷：湖南立信彩印有限公司

开　　本：889 mm×1194 mm　1/16　　印　　张：3

版　　次：2023 年 5 月第 1 版　　　　印　　次：2023 年 5 月第 1 次印刷

书　　号：ISBN 978-7-5562-6836-8

定　　价：19.80 元